1ª EDIÇÃO

COMO CONSTRUIR UMA PISCINA EM CASA

FEVEREIRO DE 2023

SUMÁRIO

SUMÁRIO

SUMÁRIO

INTRODUÇÃO

Bem-vindo ao seu guia completo para construir uma piscina em casa! Com este e-book, você terá todas as informações necessárias para planejar e construir a piscina dos seus sonhos.

Antes de começarmos, é importante considerar os motivos pelos quais você deseja ter uma piscina em casa. É para fins recreativos, para melhorar sua saúde ou simplesmente para aumentar o valor de sua casa? Independentemente do motivo, construir uma piscina em casa é uma grande empreitada e requer planejamento cuidadoso e atenção aos detalhes.

Neste e-book, discutiremos os diferentes tipos de piscinas, incluindo piscinas de cimento, fibra e lago natural, bem como as vantagens e desvantagens de cada opção. Além disso, abordaremos questões importantes como localização, tamanho, profundidade, forma e equipamentos necessários.

Você também aprenderá sobre o processo de construção, desde o desenho do projeto até a instalação dos equipamentos, e sobre como manter sua piscina em boas condições para uso seguro e agradável.

Este e-book é projetado para ser um guia prático e fácil de seguir para a construção de uma piscina em casa, independentemente do seu nível de conhecimento sobre o assunto. Então, vamos começar!

PLANEJAMENTO DA PISCINA

CAPÍTULO 2

Antes de começar a construir sua piscina em casa, é importante dedicar tempo para o planejamento adequado. Isso ajudará a garantir que sua piscina seja construída corretamente, seja segura e atenda às suas necessidades e expectativas. Aqui estão algumas dicas para ajudá-lo a planejar sua piscina.

1.   Escolha do tipo de piscina: Existem vários tipos de piscinas disponíveis, incluindo piscinas de cimento, fibra e lago natural. Cada tipo tem suas próprias vantagens e desvantagens, portanto, é importante considerar cuidadosamente qual tipo é o melhor para suas necessidades.

2.   Escolha do local: A localização da piscina é uma das decisões mais importantes que você precisará tomar. Considere o sol e a sombra, o vento, a privacidade, a segurança e o custo antes de escolher o local da sua piscina.

3.   Tamanho e forma: Decida qual será o tamanho e a forma da sua piscina. Isso dependerá do espaço disponível, do uso que você deseja dar à piscina e de suas preferências pessoais.

4.   Profundidade: Escolha a profundidade desejada para sua piscina. Isso pode ser uma questão de segurança, especialmente se você tiver crianças, ou uma questão de estilo.

5.   Projeto do deck: Se você deseja adicionar um deck ao redor de sua piscina, é importante planejar isso com antecedência. Considere a altura, o material, a cor e a textura do deck para que combinem com a piscina e com a casa.

CAPÍTULO 2

6. Equipamentos: Decida quais equipamentos serão necessários para sua piscina, como bombas, filtros, aquecedores e sistemas de iluminação.

7. Orçamento: Finalmente, é importante estabelecer um orçamento para sua piscina e incluir todos os custos, incluindo materiais, mão de obra, equipamentos e possíveis despesas adicionais.

Lembre-se de que o planejamento cuidadoso e detalhado é fundamental para garantir que a construção de sua piscina seja um sucesso. Quanto mais tempo e esforço você dedicar ao planejamento agora, mais satisfeito você ficará com o resultado final.

TIPOS DE PISCINAS

CAPÍTULO 3

Existem vários tipos de piscinas disponíveis para escolher, incluindo piscinas de cimento, fibra e lago natural. Aqui está uma descrição detalhada de cada tipo, juntamente com suas vantagens e desvantagens.

1. Piscinas de cimento: Piscinas de cimento são as mais tradicionais e sólidas disponíveis. Elas são feitas de cimento, argamassa e revestimento de cerâmica ou vinil.

As vantagens incluem durabilidade, versatilidade em termos de forma e tamanho, e facilidade de manutenção. As desvantagens incluem o alto custo inicial, o tempo de construção mais longo e a necessidade de uma manutenção periódica.

2. Piscinas de fibra: Piscinas de fibra são feitas de vidro ou material composto de fibra de vidro. Elas são leves, fáceis de instalar e apresentam uma boa relação custo-benefício.

As vantagens incluem baixo custo, facilidade de instalação e manutenção, e boa aparência. As desvantagens incluem o risco de arranhões ou rachaduras, a necessidade de uma manutenção periódica e a limitação em termos de forma e tamanho.

3. Piscinas de lago natural: Piscinas de lago natural são piscinas que imitam a aparência e o ecosistema de um lago natural. Elas são feitas de rocha, terra e plantas, e requerem menos química e manutenção do que outros tipos de piscinas.

CAPÍTULO 3

As vantagens incluem aparência natural, baixa manutenção, baixo custo de manutenção e menor impacto ambiental. As desvantagens incluem a necessidade de espaço maior, a limitação em termos de tamanho e forma, e a necessidade de manutenção periódica.

Ao escolher o tipo de piscina para sua casa, considere cuidadosamente as vantagens e desvantagens de cada tipo, bem como suas necessidades, orçamento e espaço disponível. Ao fazer uma escolha informada, você pode ter a certeza de que sua piscina será um ótimo complemento para sua casa por muitos anos.

CAPÍTULO 4

PREPARANDO O TERRENO

CAPÍTULO 4

Antes de começar a construção da piscina, é importante preparar o terreno adequadamente. Aqui estão os passos para garantir uma base sólida para sua piscina:

1. Verificação de regulamentos locais: Verifique se há regulamentos locais que possam afetar a construção da piscina, como regulamentos de construção, leis de segurança e restrições de zoneamento. Certifique-se de obter todos os permissões e aprovações necessárias antes de começar a construção.

2. Escolha do local: Escolha o local certo para sua piscina. Verifique se há espaço suficiente para a piscina e se ela estará situada em uma área plana e nivelada. Além disso, verifique se o terreno está livre de obstáculos, como raízes de árvores, rochas ou água subterrânea.

3. Remoção de obstáculos: Remova quaisquer obstáculos presentes no terreno, como árvores, arbustos ou rochas. Certifique-se de que o terreno esteja nivelado e limpo antes de começar a construção da piscina.

4. Compactação do solo: Certifique-se de que o solo esteja bem compactado antes de começar a construção da piscina. Isso garantirá uma base sólida para sua piscina e impedirá que ela afunde ou se torne instável ao longo do tempo.

5. Instalação de drenos: Se necessário, instale drenos para garantir que a água das chuvas não acumule ao redor da piscina. Isso também ajudará a proteger a estrutura da piscina de danos causados por água acumulada.

Com esses passos de preparação do terreno, você estará pronto para começar a construção da sua piscina com confiança, sabendo que ela estará construída sobre uma base sólida e nivelada.

INSTALAÇÃO DA ESTRUTURA

CAPÍTULO 5

A estrutura da piscina é o suporte que mantém o revestimento no lugar e fornece resistência à pressão da água. É importante instalar a estrutura corretamente para garantir a segurança da piscina e evitar problemas futuros. Aqui estão os passos para instalar a estrutura da sua piscina:

1. Verificação das especificações: Certifique-se de que você tenha as especificações corretas para a estrutura da piscina, incluindo a profundidade, o tamanho e o tipo de revestimento. Verifique se você tem todos os materiais e ferramentas necessários.

2. Instalação da estrutura: Instale a estrutura da piscina de acordo com as instruções do fabricante. Isso geralmente envolve a colocação de tubos ou vigas no lugar e o preenchimento com cimento ou outro material para prender a estrutura.

3. Verificação do alinhamento: Verifique se a estrutura está alinhada corretamente e se está nivelada. Se necessário, ajuste a estrutura antes de preencher com cimento ou outro material.

4. Instalação de reforços: Se necessário, instale reforços adicionais na estrutura da piscina para aumentar a resistência e a segurança. Esses podem incluir suportes adicionais, vigas de reforço ou outros materiais.

5. Verificação final: Verifique se a estrutura está completamente instalada e nivelada. Certifique-se de que não há peças soltas ou rachaduras na estrutura antes de prosseguir com a instalação do revestimento.

Com a estrutura instalada, sua piscina estará pronta para receber o revestimento e ser preenchida com água. É importante verificar regularmente a estrutura da piscina para garantir que esteja segura e livre de problemas.

CAPÍTULO 6

INSTALAÇÃO DO REVESTIMENTO

CAPÍTULO 6

Depois de construir a parte estrutural, é hora de instalar o revestimento da piscina. O revestimento é a camada exterior da piscina que fornece proteção e acabamento. Aqui estão os passos para instalar o revestimento da sua piscina:

1. Escolha do revestimento: Escolha o tipo de revestimento que melhor atenda às suas necessidades. Existem vários tipos de revestimentos disponíveis, incluindo vinil, fibra de vidro, azulejos e muito mais. Verifique as vantagens e desvantagens de cada tipo de revestimento antes de tomar uma decisão.

2. Preparação da piscina: Antes de instalar o revestimento, certifique-se de que a piscina esteja completamente limpa e livre de resíduos. Remova quaisquer peças soltas ou protuberâncias e nivele a superfície da piscina.

3. Medição e corte do revestimento: Medir e cortar o revestimento para se ajustar perfeitamente à forma da piscina. Certifique-se de deixar um espaço suficiente para o sobrepor na borda da piscina.

4. Instalação do revestimento: Colocar o revestimento na piscina, começando pelo fundo e trabalhando até a borda. Verifique se o revestimento está alinhado e nivelado e corte qualquer excesso.

5. Prenda o revestimento: Prenda o revestimento na piscina usando grampos ou outros meios de fixação, conforme indicado pelo fabricante. Certifique-se de que o revestimento esteja seguro e não tenha bolhas ou arranhões.

Com o revestimento instalado, sua piscina estará pronta para ser preenchida com água e usada. Certifique-se de seguir as instruções do fabricante quanto a manutenção e limpeza do revestimento para garantir que ele dure por muitos anos.

CAPÍTULO 6

5. Prenda o revestimento: Prenda o revestimento na piscina usando grampos ou outros meios de fixação, conforme indicado pelo fabricante. Certifique-se de que o revestimento esteja seguro e não tenha bolhas ou arranhões.

Com o revestimento instalado, sua piscina estará pronta para ser preenchida com água e usada. Certifique-se de seguir as instruções do fabricante quanto à manutenção e limpeza do revestimento para garantir que ele dure por muitos anos.

SISTEMA DE FILTRAGEM

CAPÍTULO 7

Um sistema de filtragem é fundamental para manter a água da piscina limpa e cristalina. Ele remove impurezas e sujeiras da água, mantendo-a segura e saudável para nadar. Aqui estão os passos para instalar um sistema de filtragem eficiente na sua piscina:

1. Escolha do sistema de filtragem: Existem vários tipos de sistemas de filtragem disponíveis no mercado, incluindo bombas, filtros e skimmers. Escolha um sistema que se adapte às suas necessidades, com base no tamanho da piscina e no nível de filtragem desejado.

2. Instalação da bomba: Instale a bomba do sistema de filtragem de acordo com as instruções do fabricante. Isso geralmente envolve a conexão da bomba à fonte de energia elétrica e à tubulação que leva água da piscina para o sistema de filtragem.

3. Instalação do filtro: Instale o filtro do sistema de filtragem de acordo com as instruções do fabricante. Verifique se todas as conexões estão bem apertadas e se a água está fluindo corretamente através do sistema.

4. Instalação do skimmer: Se estiver usando um skimmer, instale-o de acordo com as instruções do fabricante. O skimmer é responsável por remover a superfície da água, retirando sujeiras e impurezas antes que cheguem ao filtro.

CAPÍTULO 7

5. Configuração do sistema: Configure o sistema de filtragem para que a água seja devolvida à piscina com a pressão e o fluxo adequados. Verifique se o sistema está funcionando corretamente, sem vazamentos ou outros problemas.

Com o sistema de filtragem instalado e funcionando, sua piscina estará pronta para uso. É importante manter o sistema de filtragem limpo e mantido regularmente para garantir que ele esteja sempre funcionando corretamente e mantendo a água da piscina limpa e segura para nadar.

INSTALAÇÃO DE EQUIPAMENTOS

CAPÍTULO 8

Existem vários equipamentos opcionais que você pode instalar em sua piscina, cada um com sua função específica. Aqui estão alguns dos equipamentos mais comuns e as etapas para instalá-los:

1. Escalera: Instale uma escada na piscina para facilitar o acesso à água. Certifique-se de que a escada esteja instalada de forma segura e estável, de acordo com as instruções do fabricante.

2. Iluminação: Instale lâmpadas subaquáticas para iluminar a piscina durante a noite. Escolha lâmpadas que sejam apropriadas para uso em piscinas e que tenham uma classificação de segurança adequada para uso em água.

3. Aquecedor: Se você deseja usar sua piscina durante todo o ano, considere instalar um aquecedor. Há vários tipos de aquecedores disponíveis, incluindo aquecedores elétricos, a gás ou a solar. Instale o aquecedor de acordo com as instruções do fabricante.

4. Cobertura: Instale uma cobertura na piscina para protegê-la da chuva e do sol excessivo. Isso ajudará a manter a água mais limpa e evitará que a energia necessária para manter a água aquecida seja desperdiçada.

5. Sistema de cloro: Se você não estiver usando um sistema de cloro automático, instale um sistema manual de cloro para mantê-lo adicionando cloro à água da piscina regularmente. Siga as instruções do fabricante para instalar o sistema corretamente.

CAPÍTULO 8

Com todos os equipamentos instalados e funcionando, sua piscina estará pronta para uso. Certifique-se de que todos os equipamentos estejam mantidos e limpando regularmente para garantir que estejam sempre funcionando corretamente e de forma segura.

Lembre-se sempre de seguir todas as instruções do fabricante e todas as regulamentações locais aplicáveis antes de instalar qualquer equipamento na sua piscina.

PREENCHIMENTO DA PISCINA

CAPÍTULO 9

Depois de todas as etapas anteriores terem sido concluídas, chegou a hora de preencher a piscina com água. É importante ter paciência nessa etapa, pois ela pode demorar algumas horas.

Antes de começar a encher a piscina, certifique-se de que todos os equipamentos, incluindo o sistema de filtragem, estejam funcionando corretamente. Além disso, é importante que a água utilizada para preencher a piscina seja adequada e livre de impurezas.

O primeiro passo é ligar a bomba de água e esperar até que ela esteja funcionando corretamente. Em seguida, abra a torneira da piscina e comece a preencher a estrutura com água. É importante controlar o nível de água constantemente e ajustá-lo, se necessário, para evitar danos à estrutura.

Depois que a piscina estiver completamente preenchida, é necessário esperar pelo menos 24 horas antes de usá-la. Isso permite que a água se estabilize e que sejam feitas as devidas medições de cloro e pH.

Lembre-se de manter o nível de água constantemente, e de adicionar cloro e outros produtos químicos conforme indicado pelo fabricante. Assim, você poderá usufruir da sua piscina por muito tempo, com segurança e comodidade.

CUIDADOS E MANUTENÇÃO

CAPÍTULO 10

Agora que sua piscina está pronta para uso, é importante seguir uma rotina de cuidados e manutenção para mantê-la em boas condições e garantir a segurança de seus usuários.

A limpeza da piscina é um dos cuidados mais importantes, e deve ser feita regularmente. É recomendável utilizar uma peneira para remover folhas, insetos e outros detritos da superfície da água. Além disso, é importante esvaziar o skimmer com frequência e verificar a existência de sujeira no fundo da piscina.

A cloração da piscina é outro cuidado importante, e deve ser feita com frequência. É importante seguir as recomendações do fabricante quanto à quantidade de cloro a ser adicionada na água, e medir o nível de cloro periodicamente.

Verificar a existência de vazamentos é outra atividade importante. Isso pode ser feito monitorando o nível de água da piscina, que deve ser mantido constante. Caso o nível da água baixe, pode haver uma vazão, e é importante identificá-la e consertá-la o mais rápido possível.

CAPÍTULO 10

Manter os equipamentos e sistema de filtragem em boas condições é outro cuidado importante. É recomendável verificar o funcionamento dos equipamentos regularmente e realizar a manutenção preventiva quando necessário. Além disso, é importante seguir as recomendações do fabricante quanto à limpeza e manutenção do sistema de filtragem.

Lembre-se de que uma piscina bem cuidada pode durar muitos anos, proporcionando alegria e diversão para toda a família. Siga as recomendações de cuidados e manutenção, e aproveite ao máximo sua piscina.

SEGURANÇA NA PISCINA

CAPÍTULO 11

A segurança é uma preocupação importante ao construir uma piscina em casa. É importante seguir as regulamentações e padrões de segurança para garantir que a piscina seja segura para seus usuários. Aqui estão algumas medidas de segurança importantes a serem consideradas:

1. Cercamento da piscina: É importante ter um cercamento ao redor da piscina para impedir acesso não autorizado, especialmente para crianças e animais de estimação. O cercamento deve ter pelo menos 1,2 metros de altura e ter portões que sejam fechados e trancados.

2. Escadas e degraus: Certifique-se de que as escadas e degraus da piscina sejam seguros e antiderrapantes. Isso é importante para evitar acidentes.

3. Iluminação da piscina: É importante ter uma boa iluminação ao redor da piscina para garantir visibilidade durante a noite e para evitar acidentes.

4. Alarmes: Instale alarmes de piscina para alertar caso alguém entre na piscina sem supervisão.

5. Primeiros socorros: Tenha um kit de primeiros socorros ao alcance da piscina e saiba como usá-lo em caso de emergência.

6. Salvamento: Tenha dispositivos de salvamento, como boias e boias salva-vidas, ao alcance da piscina para garantir que possam ser usados rapidamente em caso de emergência.

CAPÍTULO 11

7. Treinamento: Certifique-se de que todos os usuários da piscina tenham conhecimento básico sobre natação e segurança na piscina.

Lembre-se de que a segurança é sempre a prioridade ao construir uma piscina em casa. Siga as regulamentações e padrões de segurança, instale medidas de segurança e treine seus usuários sobre segurança na piscina para garantir que sua piscina seja segura e divertida para todos.

CONCLUSÃO

CAPÍTULO 12

Parabéns! Você chegou ao final deste e-book sobre como construir uma piscina em casa. Nós esperamos que você tenha encontrado as informações que precisava para começar seu projeto de construção de piscina.

A construção de uma piscina em casa é uma empreitada importante, mas pode ser bastante gratificante. Além de ser uma excelente forma de relaxar, uma piscina também pode ser uma adição valiosa à sua propriedade.

No entanto, é importante lembrar que a construção de uma piscina requer planejamento e cuidado, assim como a manutenção regular para garantir que a piscina esteja sempre segura e pronta para ser usada.

Se você seguiu as instruções deste e-book e seguiu as etapas corretamente, você está no caminho certo para ter uma piscina em casa de que possa se orgulhar. Boa sorte com o seu projeto!

AUTOR

Arquiteto e urbanista desde 2018, formado no Centro Universitário Metodista – IPA, em Porto Alegre – RS. Pós graduado em Educação contemporânea pelo Instituto Federal Sul Rio-grandense em Charqueadas – RS.

Atuante como autônomo em gerenciamento e condução de obras e projetos, desde 2019 como arquiteto contratado na Prefeitura Municipal de Cachoeirinha - RS, coordenando o setor de cadastro imobiliário e georreferenciamento. Também conduzindo obras como do Centro de eventos da Pedreira em Eldorado do Sul, com mais de 3000m² de área construída implantada em um lote de mais de 1 hectare, gerenciando equipes de campo e produzindo os diversos projetos necessários para o desenvolvimento da obra.

Produtor de manuais digitais para a construção civil, sempre visando dar um passo a passo prático e de fácil compreensão, seja para o investidor ou para o arquiteto/engenheiro em início de carreira. Buscando dar ao leitor segurança na tomada de decisões, clareza nos processos e economia de tempo e recursos.

Fique em contato

Instagram:
@rholmerphilipe

Email:
rholmercms@hotmail.com

Portfólio:
behance.net/rholmerphilipe